中国林草 防火

国家林业和草原局森林草原防火司 ○编
国家林业和草原局宣传中心

中国林业出版社
China Forestry Publishing House

前　言

　　森林和草原是我国重要的自然资源，是生态安全的重要屏障。林草防火工作不仅关系到生态环境的保护，更与国家的生态安全、经济发展和社会稳定息息相关。

　　近年来，随着全球气候变化和人类活动的影响，林草火灾时有发生，给我们带来了巨大的损失。林草火灾不仅会破坏生态平衡，导致生物多样性减少，还会威胁人民生命财产安全，影响社会和谐稳定。因此，加强林草防火科普教育，提高全民防火意识和能力，显得尤为重要。

　　为深入贯彻落实习近平总书记的重要指示精神，切实提高森林草原防火工作的科学性与系统性，国家林业和草原局宣传中心精心组织编写了"林业草原科普读本"《中国林草防火》分册。本书对森林草原火灾的发生特点、防控形势、发生机制、预警防控、法律法规、扑救措施、自救手段等进行了简要阐述，旨在让读者对林草防火工作有一个全面而系统的认识。

　　我们希望通过这本读本，让更多的人了解林草防火的重要性，掌握林草防火的科学方法和技能，积极参与到林草防火工作中来，共同守护我们的绿色家园，为建设美丽中国贡献力量。让我们携手共进，为林草防火事业不懈努力。

编者

2024 年 4 月

目 录

第一章

森林草原火灾概况

01 什么是森林草原火灾?

森林火灾是指失去人为控制，在森林中自由蔓延和扩展，对森林、森林生态系统及人民生命财产造成一定危害和损失的林地起火。

草原火灾是指在失控条件下草地可燃物（牧草枯落物、牲畜粪便等）的燃烧行为发生发展，给草地资源、畜牧业生产及生态环境等，带来不可预料损失的自然灾害。

大面积森林火灾被联合国列为世界八大主要自然灾害之一，也是公共突发事件之一。

02 我国森林草原防火形势严峻 🚨

近年来，澳大利亚、美国、俄罗斯、加拿大等国森林火灾频发，造成严重灾难。

中国的地理位置、地形地势、气象气候以及森林草原资源分布和人口居住密度等情况，使中国的森林草原火灾具有分布广泛的特点。近年

来，气候干旱、全球变暖、毁林开荒，加之厄尔尼诺现象，引起全世界范围内的气候变化，使森林草原火灾处于高度活跃期。另外，我国有大面积的次生林，由于树种单一、疏密不均，且林区社情复杂，林田交错，火源控制难度很大，极易发生森林草原火灾。

03 森林草原火灾等级 🔔

按照受害森林面积和伤亡人数，森林火灾分为一般森林火灾、较大森林火灾、重大森林火灾和特别重大森林火灾。

一般森林火灾：受害森林面积在1公顷以下或者其他林地起火的，或者死亡1人以上3人以下的，或者重伤1人以上10人以下的。

较大森林火灾： 受害森林面积在 1 公顷以上 100 公顷以下的，或者死亡 3 人以上 10 人以下的，或者重伤 10 人以上 50 人以下的。

重大森林火灾： 受害森林面积在 100 公顷以上 1000 公顷以下的，或者死亡 10 人以上 30 人以下的，或者重伤 50 人以上 100 人以下的。

特别重大森林火灾： 受害森林面积在 1000 公顷以上的，或者死亡 30 人以上的，或者重伤 100 人以上的。

草原火灾按照受害草原面积、伤亡人数和经济损失，分为一般草原火灾、较大草原火灾、重大草原火灾和特别重大草原火灾：

一般草原火灾： 受害草原面积 10 公顷以上 1000 公顷以下，或者重伤 1 人以上 3 人以下，或者直接经济损失 5000 元以上 50 万元以下的。

较大草原火灾： 受害草原面积 1000 公顷以上 5000 公顷以下，或者死亡 3 人以下，或者重伤 3 人以上 10 人以下，或者直接经济损失 50 万元以上 300 万元以下的。

重大草原火灾：受害草原面积 5000 公顷以上 8000 公顷以下，或者死亡 3 人以上 10 人以下，或者死亡和重伤合计 10 人以上 20 人以下，或者直接经济损失 300 万元以上 500 万元以下的。

特别重大草原火灾：受害草原面积 8000 公顷以上，或者死亡 10 人以上，或者死亡和重伤合计 20 人以上，或者直接经济损失 500 万元以上的。

04 我国森林草原火灾的特点 🚨

季节性变化

  我国地形地势复杂，东西延伸长、南北跨度大的地理特点，决定了各个地区不同季节的降水量存在差异，因此森林火灾也呈现出季节性的区别。比如，夏季降水量大，森林湿度较大，森林火灾的发生概率相对较低，但是夏季气温较高，森林中地表覆盖物较为干燥，低着火点带来的火灾风险也不容忽视。而草原地区的火灾发生的季节性由气候特点和植被特征共同决定。春季，随着草原地区积雪融化，高温、大风天气增多，进入草原火灾高发期；秋季，草原植被开始枯黄，降水减少，火灾发生率提高。因此，我国草原火灾常发生在春季（3—6月）和秋季（9—11月）。

地域性特征

我国幅员辽阔的地域、复杂多样的地形决定了森林草原火灾的地域性特征。从大兴安岭东部至西南地区以东是我国森林覆盖较多的地区,此线以西地区的森林覆盖率相对较低。东北、华北地区在春秋季节天气晴朗、降水较少、植被干燥,较易发生火灾。西南地区春秋冬三季天气晴朗,加之降水少、风力大,森林火灾发生率较高。华南地区冬季和早春时节较为干旱,容易引起火灾。东北、西南、华南等地森林覆盖面积大,且山地较多,更容易引发森林大火;而华中、西北等地多为平原、荒漠和丘陵地形,森林火灾发生率较低。

蔓延速度快

　　森林的整体特征及环境因素决定了森林火灾的特点。比如，在风力的影响下，地表火的蔓延速度一般为 10 千米 / 小时，而树冠火能达到 15 千米 / 小时，如果风力增大，火势蔓延速度也会随之加快。草原地域辽阔、地势平坦，在易燃季节，一旦发生火灾，在大风作用下，火势将急速扩展。而且草原地区风向多变，常常出现多叉火头，迅速蔓延的大火还会形成火势包围圈。这些火灾不仅扑救难度大，还容易造成人畜伤亡。

损毁面积大

不论是自然因素还是人为因素引发的起火点，在森林草原广阔的地域上都很难被第一时间观测到，而被发现时火灾往往已经蔓延了相当大的面积。此时，火灾扑救难度更大，火灾会不断蔓延甚至出现新的火场。因此，森林草原火灾损毁面积一般都比较大。我国主要牧区，比如内蒙古锡林郭勒、呼伦贝尔，新疆塔城、阿勒泰，黑龙江齐齐哈尔等，就是受草原火灾威胁严重的地区。

第二章

森林草原火灾的危害

森林草原火灾不仅严重破坏森林草原资源和生态环境，而且会对人民生命财产和公共安全产生极大的危害，对国民经济可持续发展和生态安全造成巨大威胁。

01　烧毁森林和草地 🚨

　　烧毁烧伤森林草原植被是火灾的最直观危害。森林是生长周期较长的再生资源，遭受火灾后，需要长时间恢复。特别是高强度、大面积森林火

灾之后，森林很难恢复原貌，常被低价林或灌木丛取代。如果反复遭受火灾，有些森林会退化为荒草地，甚至变成裸地，对森林蓄积量和森林生长造成不可逆转的伤害。发生火灾后的草原生长衰退，草原生态受到干扰，畜牧承载能力降低，往往需要几年或十几年才能恢复。

02　烧毁林下植物资源 🔔

森林里除了高大的乔木，还生长着丰富的野生植物资源。森林不仅为人们提供了木材，还提供了多样的林副产品。比如，长白山林区的人参、灵芝等都是珍贵药材，大兴安岭林区的"红豆"（越橘）和"嘟柿"（笃斯越橘）等是营养丰富的野果，南方广泛种植的桉树所提炼的桉油是肥皂、香精的最佳原料。这些林副产品创造了不菲的经济价值，但火灾干扰之后，林木资源减少，野生植物生存环境改变，对林副产品产生直接的负面影响。

03 危害野生动物

　　野生动物是自然界的精灵，森林草原是它们的家园。大熊猫、东北虎、长臂猿、金丝猴、野象、野骆驼、海南坡鹿等国家级保护动物野外种群数量稀少，而森林草原火灾不仅会破坏它们的生存环境，更有可能直接烧死烧伤野生动物，让本就稀有的野外种群再遭打击。所以，防范森林草原大火，不仅是为了保护森林草原本身，同时也保护了野生动物，从而保护了森林草原的生物多样性。

04　引起水土流失

涵养水源、保持水土是地表植被的重要作用。据测算，每公顷林地比无林地多蓄水 30 立方米。3000 公顷森林的需水量相当于一座 100 万立方米的小型水库。因此，森林有"绿色水库"的美称。此外，森林树木的枝叶及林床（地被物层）的机械作用，可以大大减缓雨水对地表的冲击力；林地表面海绵状的枯枝落叶层还能大量吸收水分；森林庞大的根系对土壤的固定作用，使得林地很少发生水土流失现象。然而，当森林火灾发生后，森林的这些功能会显著减弱，严重时甚至消失。因此，严重的森林火灾不仅会引发水土流失，还会引起山洪、泥石流等自然灾害。草原火灾容易造成地表裸露，大风会使地表土层流失，减少地表土壤有机物含量，对草原生态系统造成不良影响。

05 引起空气污染 🚨

　　森林和草原燃烧会产生大量的烟雾，其主要成分为二氧化碳和水蒸气，这两种物质占烟雾成分的 90%~95%，此外，烟雾中还含有一氧化碳、

碳氢化合物、碳化物、氮氧化物及微粒物质,这些占 5%~10%。除了水蒸气之外,所有其他物质的含量超过某一限度都会造成空气污染,危害人类健康及野生动物的生存。

06 威胁人民生命和财产安全 🚨

森林草原大火常造成人员伤亡和财产损失。1987 年大兴安岭特大森林火灾烧毁林业局局址 3 处、林场场址 9 处、木材 85 万立方米、桥梁

67座、铁路9.2千米、输电线路284千米、房屋6.4万平方米，直接经济损失4.2亿元，造成重大人员伤亡。森林草原火灾会使林区的牲畜、工厂、房屋、桥梁、铁路、输电线路等受到火灾威胁。

第二章

森林草原火灾发生机制

火源、可燃物和氧气是发生燃烧现象的必要条件。因此，火源、可燃物和合适的火环境就是森林草原火灾的三要素，也是影响森林草原火灾发生发展的重要因素。

01 火 源 🚨

　　火源是引发森林草原火灾的直接原因。因此，了解掌握森林与草原火源的种类和**出现规律**，做好火源管控，是预防森林草原火灾的重要措施。引起森林草原火灾发生的火源，通常可分为两大类，即天然火源和人为火源。

　　天然火源是自然界中能引起森林与草原火灾的自然现象，如雷击、火山爆发、陨石坠落、泥炭自燃等。其中，雷击是最常见的天然火源，由此引起的火灾被称为雷击火。

　　人为火源是指人为野外用火不慎而引起的火源，可分为生产性火源（如烧垦、烧荒、烧木炭、机车喷漏火、开山崩石、放牧、狩猎和烧防火线等）和非生产性火源（如野外做饭、取暖、用火驱蚊驱兽、吸烟、上坟烧纸、小孩玩火等）。人为火源还包括故意放火纵火。在人为火源引起的火灾中，上坟烧纸、开垦烧荒、吸烟等引起的森林草原火灾所占比例较大。

02 可燃物 🚨

　　森林草原可燃物是指森林与草原上一切可以燃烧的物质，如树木的干、枝、叶、树皮、草本、苔藓、地表枯落物、土壤中的腐殖质等。森林与

草原可燃物是火灾发生的物质基础，也是森林与草原火灾发生的首要条件。在分析森林和草原能否被引燃、如何蔓延以及整个火行为过程时，可燃物比任何其他因素都重要。不同种类的可燃物构成的可燃物复合体，具有不同的燃烧特性，会产生不同的火行为特征。

　　含水率是影响可燃物的首要因素，它表示可燃物的干湿程度，是影响森林草原火灾发生的最重要因子之一。只有可燃物的含水率降低到一定程度，才会发生燃烧，进而引发森林草原火灾。

　　可燃物数量的多少也是引发火灾的重要影响因素。可燃物数量，也被称为可燃物载量，常用单位面积上可燃物的绝干质量表示。只有可燃物载量达到一定程度，燃烧现象才能维持，火灾才会蔓延。

　　而可燃物的易燃性直接影响燃烧的难易程度和剧烈程度。危险可燃物，或者说易燃可燃物，一般是指容易着火的细小可燃物，如地表干枯杂草、枯枝落叶、地皮苔藓等。这些可燃物含水量少、燃烧速度快，极易引燃，是森林和草原上常见的引火物。尤其是森林和草原上的枯死物，非常易燃，是火源管理的重点对象。缓慢燃烧可燃物是指粗大或紧实的可燃物，比如枯立木、树根、倒木等重型可燃物，还有腐殖质、泥炭等致密可燃物。这些燃烧物不易被引燃，但着火后燃烧缓慢、持久，放热量多且不易扑灭，还容易带来复燃。所以这类可燃物一般会在极干旱情况下燃烧，给扑火带来很大困难。难燃可燃物是指正在发育的各类森林草原植物。这些植物往往含水量高，不易燃烧，能对火势蔓延起到减缓作用。但是，植物遇到高强度大火，会因高温脱水而燃烧，尤其是富含油脂的植物。

一般来说，可燃物越小，越容易燃烧。当然，在考虑植物的燃烧性时，不仅要参考它们的理化性质、大小、数量、分布和配置等因素，还要考虑植被组成、郁闭度、林龄和层次结构等因素对燃烧性的影响。

03 火环境 🔔

　　火环境是指除火源和可燃物之外的其他影响火的发生蔓延的因素总和，包括气象条件、地形条件、土壤条件等。森林与草原中常积累大量的可燃物，有时虽然有火源存在，却没有形成灾害，这是因为没有适宜燃烧的火环境。在多种火环境要素中，对火灾发生和蔓延影响最大的就是气象条件和地形条件。

气象条件与火灾的发生关系密切，包括气温、湿度、降水和风等因素。其中，气温的升高能加速可燃物的干燥，使可燃物达到燃点所需的热量大大减少，因此每日最高气温往往成为某一地区是否存在森林火险的重要衡量标志。受此影响，每日空气相对湿度的变化主要取决于气温高低。气温越高，相对湿度就越低；气温越低，相对湿度就越高。因此，相对湿度日变化的最高值出现在清晨，最低值出现在午后。通常，森林与草原在高火险天气中，相对湿度往往小于30%。而降水直接影响的是可燃物的含水量，特别对枯死物的影响最大。虽然各月份的降水量不同，但月降

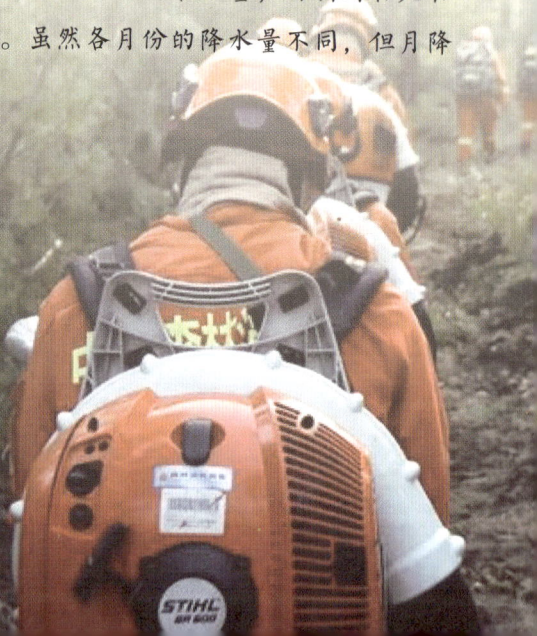

水量超过 100 毫米时，发生火灾的概率较低。一般来说，1 毫米的降水量对林内地表可燃物的含水率几乎没有影响；2~5 毫米的降水量就能使可燃物含水率大大增加，此时即使发生火灾，可燃物中的水分也会帮助减缓火势。所以，连续干旱的时间越长，可燃物越干燥，火灾发生的可能性越大，过火面积也越大。风也是影响火势发展蔓延的重要因子，包括风速和风向两个特征。风不仅能加速可燃物的水分蒸发，还能为火场补充氧气，同时还可以增加火线前方的能量，使火烧得更旺、蔓延得更快。连续的干旱、高温，加上六级以上的大风，是很多重大火灾难以控制的主要原因。

地形则因其与太阳辐射、锋面移动、天气变化和植被分布的关系，对山火也有一定的影响。受到太阳直接辐射最多的坡面，往往吸收热量多、温度最高，可燃物变得更干燥易燃，因此南坡火灾隐患较大。坡度越缓，降水停留时间长，可燃物不易干燥；坡度越大，火势蔓延速度越快，沿山坡向上的上山火速度比平地火快，而下山火速度则比平地火慢。在相同坡向和坡度条件下，不同坡位的温湿状况、土壤条件、植被条件也会不同。从坡底到坡腹、坡顶，温度由高到低，土壤由肥变瘠，植被由茂密到稀疏。一般情况下，坡底的火势昼夜变化较大，日间强烈、晚间较弱。坡底的植物起火，火势强度较大，且顺坡加速蔓延，不易控制。坡顶的林火昼夜变化小，

火势强度较低，容易控制。相比于坡向、坡度和坡位因素，山谷风对林火来说是一种更多变更复杂的影响因子。白天（通常开始于每天早晨日出后 15~45 分钟）山坡受到太阳照射，热气流上升，产生由山谷吹向山顶的谷风。夜间（当太阳不照射山坡时）山坡冷却快，山谷冷却慢，山坡冷气流会下沉，产生由山顶吹向山谷的山风。所以，每天山谷风的变化有迹可循。往往在中午和前半下午，谷风充分发展；傍晚时分，谷风逐渐减弱。午夜时，山风充分发展；午夜后到日出前，山风充满山谷。因此，山谷风的变化会影响林火行为。在森林草原火灾扑救和计划烧除的过程中，要特别留意山风和谷风的变化。

04 森林火灾的基本种类 🚨

根据燃烧空间位置，森林火灾一般分为地表火、树冠火和地下火三类。

地表火：是指火沿地表蔓延，烧毁地被物，危害幼林、灌木、下木，烧伤大树干基和下部枝叶以及露出地面的树根，根据其蔓延速度，可分为急进地表火和稳进地表火。

树冠火： 是指能引起林冠层燃烧蔓延的火，根据其蔓延情况又可分为急进树冠火和稳进树冠火。

地下火： 是指在林地腐殖层或泥炭层燃烧的火，在地表一般看不见火焰，只有烟，可以一直燃烧到矿物层和地下水的部位。

第四章

森林草原火灾预警与防控

　　森林草原防火就是防止森林草原火灾的发生和蔓延，是对森林、林木、林地和草原火灾预防和扑救活动过程的总称。森林草原火灾预警与防控是森林防火工作的重要环节。做好森林草原火灾的防范工作，需要建立健全科学、规范的森林火险预警响应机制和科学合理的火灾防控措施。

01 我国森林草原防火工作方针 🔔

按照 2022 年 10 月由中共中央办公厅、国务院办公厅印发的《关于全面加强新形势下森林草原防灭火工作的意见》，我国森林草原防火工作坚持"预防为主、积极消灭、生命至上、安全第一"的方针。预防是森林草原防火的前提和关键，森林草原防火必须立足于预防为主。积极消灭是指森林草原火灾一旦发生，各级人民政府和有关部门必须把握战机，采取各种措施，有效扑救森林草原火灾，做到"打早，打小，打了"，最大限度地减少人员伤亡和财产损失。

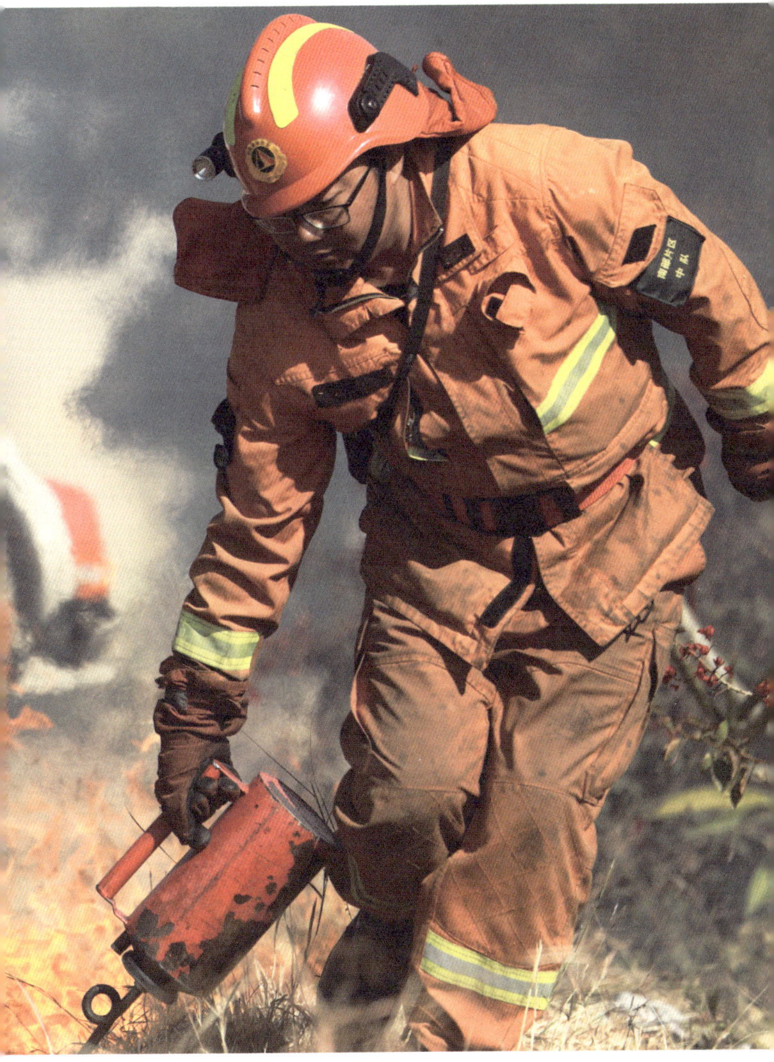

02 森林草原火险预警信号 🚨

《国家森林草原火灾应急预案》规定，根据森林草原火险指标、火行为特征和可能造成的危害程度，将森林火险预警信号划分为四个等级，由高到低依次用红色、橙色、黄色和蓝色表示。

红色预警信号代表极度危险，森林火险等级为五级，林内可燃物极易点燃，且极易迅猛蔓延，扑火难度大。

橙色预警信号代表高度危险，森林火险等级为四级，林内可燃物容易点燃，易形成强烈火势快速蔓延，具有高度危险。

黄色预警信号代表较高危险，森林火险等级为三级，林内可燃物较易点燃，较易蔓延，具有较高危险。

蓝色预警信号代表中度危险，森林火险等级为二级，林内可燃物可点燃，可以蔓延，具有中度危险。

03 森林草原火灾防控措施 🔔

　　森林草原火灾防控是林火管理的重要组成部分，其主要任务是通过各种措施减少森林草原火灾的发生和降低火灾造成的损失。根据起火要素、植被分布、气候地形等因素，火灾防控需要采取多方位综合措施。

　　首要措施就是火源管理，因为我国 95% 以上的森林草原火灾是由人为火源引起的。这就要求加强防火宣传力度，严格控制火源，尤其是人为火源。其次是开辟防火阻隔带，在原始林、次生林、人工林与草地毗连地段，有计划地开设防火阻隔带，分割连续可燃物。种植防火林带也是一种有效措施，在林子外围或内部有计划地种植一些阔叶树或耐火树种，可阻隔火灾蔓延，对树冠火蔓延尤为有效。建设防火瞭望台、防火公路网、防火通信网也是我国探测和防控火灾的重要手段。

04 森林草原防火期和相关规定 🚨

一般把森林草原容易发生火灾的季节规定为森林草原防火期。根据气候特点和森林草原火灾的发生规律，不同地方的森林草原防火期不同。

在森林防火期内，林区用火应遵循以下规定：禁止在森林防火区野外用火；因特殊情况需要用火的，必须严格申请批准手续，并领取野外用火许可证；因防治病虫鼠害、冻害等特殊情况确需野外用火的，应当经县级人民政府批准，并按照要求采取防火措施，严防失火；需要进入森林防火区进行实弹演习、爆破等活动的，应当经省、自治区、直辖市人民政府林业主管部门批准，并采取必要的防火措施；中国人民解放军和中国人民武装警察部队因处置突发事件和执行其他紧急任务需要进入森林防火区的，应当经其上级主管部门批准，并采取必要的防火措施。

在草原防火期内，草原用火应遵循以下规定：根据《草原防火条例》，县级以上地方人民政府应当根据草原火灾发生规律，确定本行政区域的草原

防火期，并向社会公布；在草原防火期内，禁止在草原上野外用火；因生产活动需要在草原上野外用火的，应当经县级人民政府草原防火主管部门批准，用火单位或者个人应当采取防火措施，防止失火；因生活需要在草原上用火的，应当选择安全地点，采取防火措施，用火后彻底熄灭余火。

在草原防火期内，在草原上作业或者行驶的机动车辆，应当安装防火装置，严防漏火、喷火和闸瓦脱落引起火灾。在草原上行驶的公共交通工具上的司机和乘务人员，应当对旅客进行草原防火宣传。司机、乘务人员和旅客不得丢弃火种。经本级人民政府批准，草原防火主管部门应当对进入草原、存在火灾隐患的车辆以及可能引发草原火灾的野外作业活动进行草原防火安全检查。发现存在火灾隐患的，应当告知有关责任人员采取措施消除火灾隐患；拒不采取措施消除火灾隐患的，禁止进入草原或者在草原上从事野外作业活动。

第五章

我国森林草原防火成效

我国坚持森林草原防灭火一体化，不断完善森林草原火灾预防、扑救、保障体系，森林草原火灾综合防控能力和现代化水平全面增强，森林火灾和草原火灾受害率连年下降，分别稳定控制在 0.9‰和 2‰以下，远低于世界平均水平。

01 规范管理，完善防控体系 🔔

我国加强对森林草原防火工作的组织领导，逐步形成了各级党委政府负总责、各有关部门齐抓共管的森林草原防火格局，秉承"人民至上，生命至上"理念，以火灾"少发生、不发生"为目标，着力构建高效完善的火灾防控体系。一批规范性文件先后印发实施，为森林草原防火提供了制度保障。

与此同时，各地发挥林长制考核"指挥棒"作用，层层压实各级地方政府森林草原防火责任，实行森林草原防火"一票否决"，制定颁布了相应的森林草原防火规划和实施办法，建立完善了各项规章制度，初步形成了一套较为完整的森林草原防火管理体系，我国森林草原火灾综合防控能力全面增强。

02　源头治理，构建无缝之网 🔔

　　近年来，全国林草部门不断完善森林草原火灾源头治理体系，加大野外违规用火执法力度，把隐患当事故，把风险当考试，把挑战当常态，全力防范重特大森林草原火灾风险。2021年，国家林业和草原局党组决定建立森林草原防火包片蹲点责任制，截至2023年，国家林业和草原局已向31个省（自治区、直辖市）派出105个包片蹲点指导组474人次，累计走访了416个市、760个县（区）、1934个基层单位，发现问题

634 处。2023 年以来，国家林业和草原局共派出 39 个督导组、152 人次，共走访 124 个市、259 个县（区）、643 个基层单位，发现问题 153 处。

2021 年 3 月，在国家森林草原防灭火指挥部统筹指导下，国家林业和草原局牵头组织开展野外火源治理和查处违规用火行为专项行动，行动坚持"防未、防危、防违""打早、打小、打了"全链条管理，对农事用火、祭祀用火、野外吸烟等引发火灾的主要顽疾进行集中治理，在全国各地形成强大震慑，森林草原防火逐渐成为广大群众的行动自觉。

2021 年 8 月，国家林业和草原局会同国家森林草原防灭火指挥部办公室、应急管理部、国家能源局、国家电网公司、南方电网公司联合开展林牧区输配电设施火灾隐患专项排查治理，全面排查整改输配电设施各类火灾隐患，推进建立全国林牧区输配电设施防火责任台账和长效机制。

2020 年起，按照国务院统一部署，开展全国森林草原火灾风险普查，完成了全国森林可燃物、野外火源、气候等致灾因子调查分析和减灾能力、历史森林火灾数据等调查，形成了森林火灾危险性、火灾风险、减灾能力、火灾防治区划成果，完成了森林草原火灾风险普查各项任务，为森林草原火灾防治工作发挥了支撑作用。

03　夯实基础，提高防火能力 🚨

　　近 10 年来，国家林业和草原局着力抓基础强保障，国家层面累计投入到森林草原防火方面的资金近 290 亿元，加快推进林区道路、林火隔阻、火情监测等基础设施建设，开展航空护林和物资储备等工作，编制全国森林草原防火专项机制，近 1000 个森林草原防火项目落地实施。截至 2020 年底，全国重点区域火情综合瞭望监测覆盖率达到 85.6%，通信覆盖率达到 80.8%，航空护林覆盖范围扩大到 22 个省份。

2021 年，国家林业和草原局投资建成国内首个雷击火野外综合观测试验基地，完成了全波三维闪电定位探测网构建，重点攻关研发雷击火预警模型和雷击火感知系统平台，确保推送监测预警信息及时，为做好雷击火精准定位、高效处置提供有力保障。

2020 年，国家林业和草原局研发升级"国家林草生态感知平台——森林草原防火子系统"，实行"有火必报"和热点核查"零报告"制度，及时高效调度火情，形成"内督外防、上下一体"工作格局。

04　全民动员，坚持群防群治 🔔

　　全国各地广泛组织开展丰富多彩的宣传教育活动，大力营造森林草原防火人人有责的浓厚氛围，强化全民防火意识和依法治火、科学防火观念，在森林草原防火紧要期，各地政府适时发布森林草原防火命令，在元旦、春节、清明、"五一"、"十一"等森林草原防火重点时段和森林草原防火重点部位加强巡护和宣传，为森林草原织牢织密安全防护网。

　　近年来，国家林业和草原局通过在中央媒体推出森林草原防火专题和专栏，采用网络直播和短视频宣传，举办森林草原防火专题网络培训班，开通中国森林草原防火微信公众号及其人民号、新华号，及时、全面、准确传播森林草原防火资讯、科普森林草原防火常识、交流森林草原防火经验，在社会公众心底筑起森林草原防火长城，为全社会重视、关注、支持、参与森林草原防火工作营造了良好舆论氛围。

第六章

森林草原火灾扑救与自救

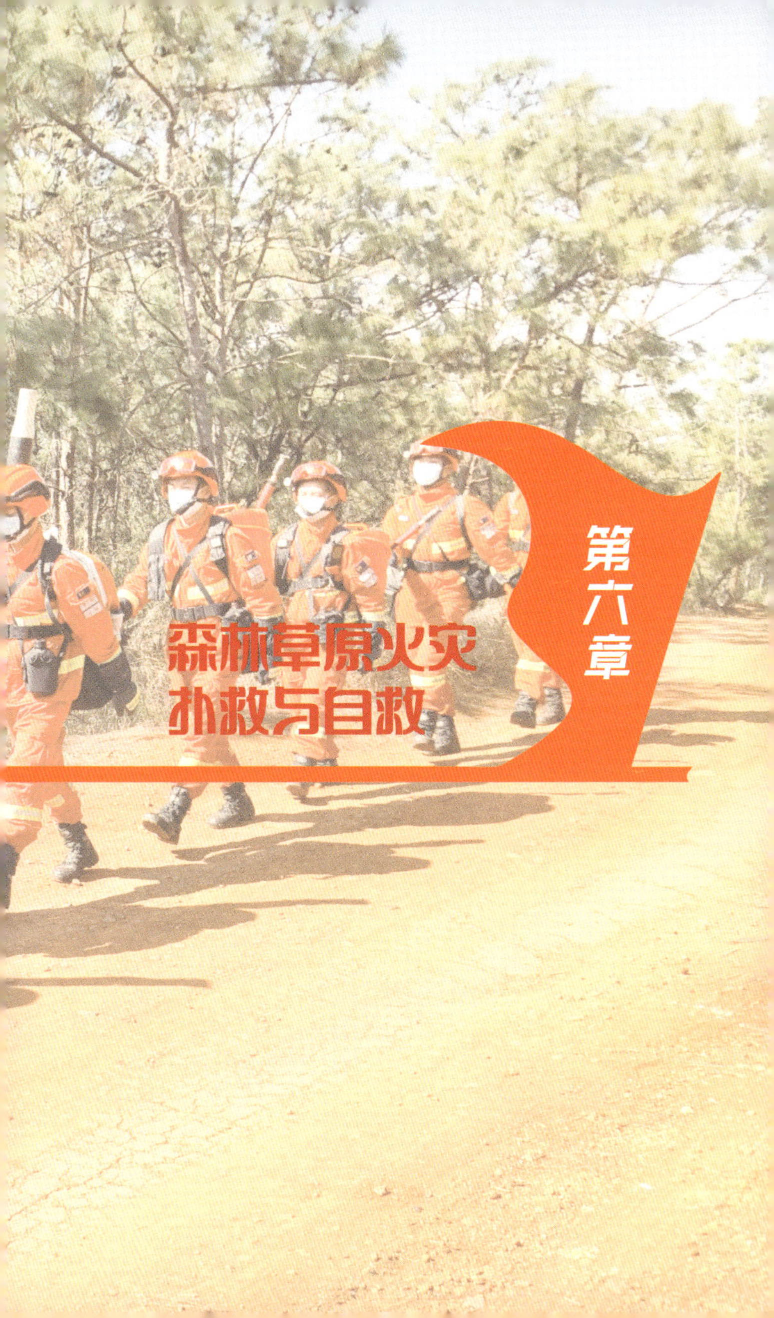

森林草原火灾扑救是防火工作的重要方面。扑救森林草原火灾是各级人民政府和人民群众义不容辞的责任，在我国一旦发生森林草原火灾都要积极进行扑救。

01 扑救常用方法 🔔

灭火就是破坏燃烧三要素（可燃物、火源、氧气）的结合，使其失去燃烧条件。因此，灭火有三种基本方法，即隔绝空气法，使可燃物与空气隔绝，使空气中的氧气浓度降至16%以下，进而使火窒息；冷却法，采用降温的办法使燃烧物降至燃烧点以下；封锁可燃物法，是把森林草原上已燃烧和未燃烧的可燃物分离，切断火线。在此基础上，衍生出了更多样的扑火方式，比如地面扑火、化学灭火、爆炸灭火、人工降雨灭火、空中灭火等。

02 森林火灾扑火安全十二要素 🔔

1. 扑救森林火灾不得动员老人、残疾人、孕妇和儿童参与扑火。

2. 扑火队员必须接受扑火安全培训。

3. 遵守火场纪律，服从统一指挥和调度，严禁单独行动。

4. 时刻保持畅通的通讯联系。

5. 扑火人员需配备必要的装备，如头盔、防火服、防火手套、防火靴和扑火工具。

6. 密切注意观察火场天气变化，尤其要注意午后扑救森林火灾伤亡事故高发生时段的天气情况。

7. 密切注意观察火场可燃物种类及易燃程度，避免进入易燃区。

8. 注意火场地形条件，扑火队员不可进入三面环山、鞍状山谷、狭窄草塘沟、窄谷、向阳山坡等地段直接扑打火头。

9. 扑救林火时应事先选择避火安全区和撤退路线，以防不测。

10.一旦陷入危险环境，要保持清醒头脑，积极设法进行自救。

11.扑救地下火时，一定要摸清火场范围，并进行标注，以免误入火区。

12.扑火队员体力消耗极大时，要适时休整，保持旺盛的体力。

03 森林草原火灾自救要点 🔔

　　遭遇森林草原火灾时，一定要保持头脑清醒。一是及时报警，让外界知道你的位置和处境，争取救援或指导自救；二是积极自救，快速转移避险。

千万不要随意选择方向盲目乱逃，否则容易被浓烟烈火所围。要正确判断风向，切不可与火赛跑，一旦顺风而逃，极易被大火追上并围堵住。

不能往山顶方向逃生，要往山下跑，随着烟气上升，山火向山顶方向扩展会较快。

要用沾湿的毛巾或衣服，捂住口鼻，包住头，并沿着逆风方向，向下或横跑，选择植被稀疏的路线逃生。

当被大火围困时，应选择植被稀疏的空旷地方，俯卧避险，脚朝火冲来的方向，扒开浮土把脸贴近湿土，双手压在胸前。如有水沟、水塘、河流，可跳入水中避险。

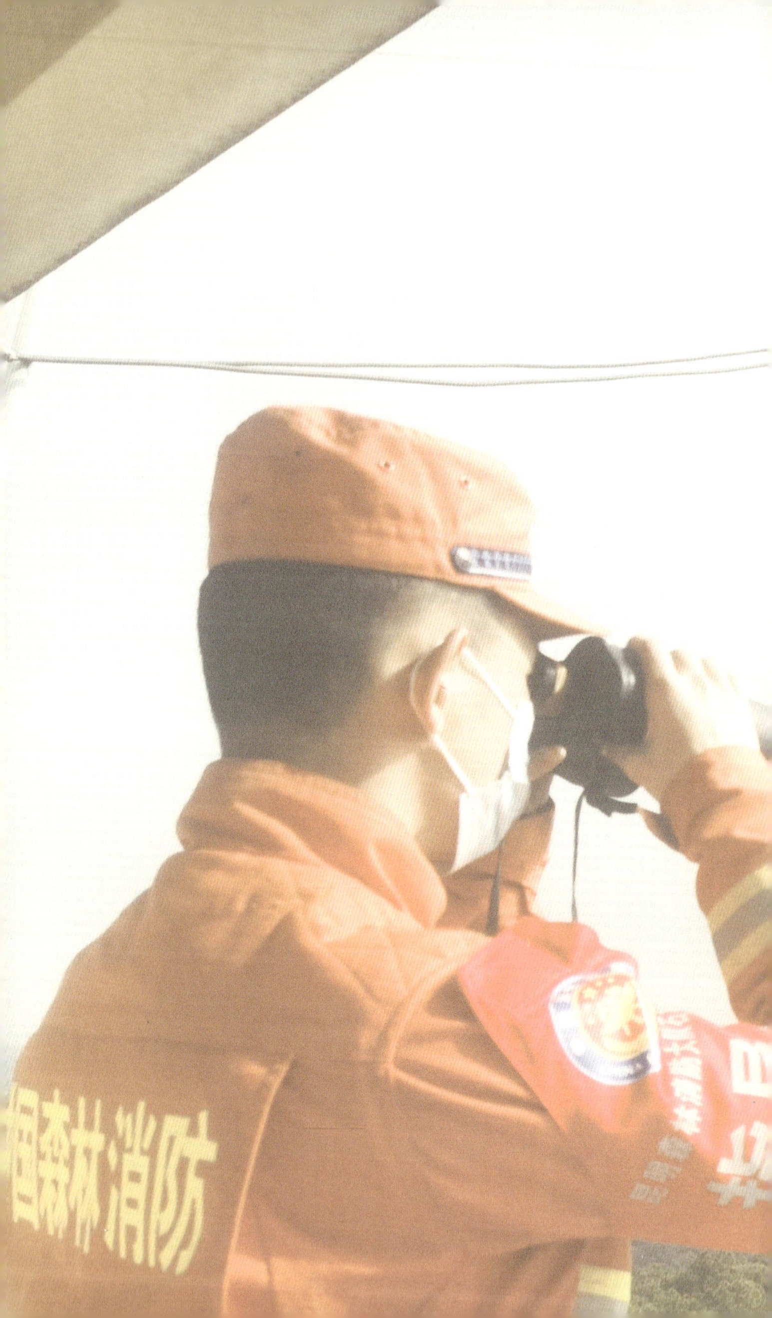
森林消防

第七章

森林草原防火法律、管理和宣传常识

01 **法律常识** 🚨

森林草原、火灾刑事案件立案标准

2013 年，国家林业局、公安部印发《关于森林和陆生野生动物刑事案件管辖和立案标准》，对森林火灾案件立案标准规定如下：

　　凡故意放火造成森林或者其他林木火灾的都应当立案；过火有林地面积2公顷以上为重大案件；过火有林地面积10公顷以上，或者致人重伤、死亡的，为特别重大案件。

　　失火造成森林火灾，过火有林地面积2公顷以上，或者致人重伤、死亡的应当立案；过火有林地面积为10公顷以上，或者致人死亡、重伤5人以上的为重大案件；过火有林地面积为50公顷以上，或者死亡2人以上的，为特别重大案件。

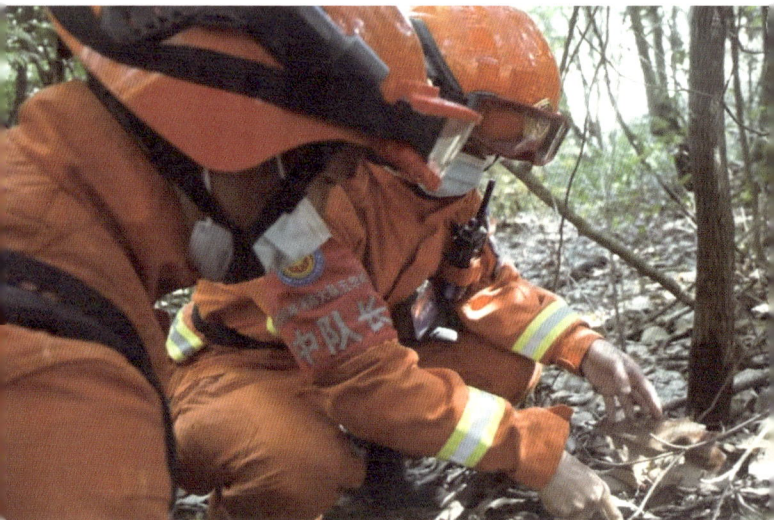

放火罪和失火罪的刑责处罚

　　故意放火烧毁林木，尚未造成严重后果的，比照《中华人民共和国刑法》第 114 条处 3 年以上 10 年以下有期徒刑。放火致人重伤、死亡或者使公私财产遭受重大损失的，处 10 年以上有期徒刑、无期徒刑或者死刑。构成失火罪的比照《中华人民共和国刑法》第 115 条第二款处 3 年以上 7 年以下有期徒刑；情节较轻的，处 3 年以下有期徒刑或者拘役。

需要承担法律责任的草原用火行为

在草原防火期内，经批准的野外用火未采取防火措施的；在草原上作业和行驶的机动车辆未安装防火装置或者存在火灾隐患的；在草原上行驶的公共交通工具上的司机、乘务人员或者旅客丢弃火种的；在草原上从事野外作业的机械设备作业人员不遵守防火安全操作规程或者对野外作业的机械设备未采取防火措施的；在草原防火管制区内未按照规定用火的。

　　违反《草原防火条例》规定，有上述行为之一的，由县级以上地方人民政府草原防火主管部门责令停止违法行为，采取防火措施，消除火灾隐患，并对有关责任人员处 200 元以上 2000 元以下罚款，对有关责任单位处 2000 元以上 2 万元以下罚款；拒不采取防火措施、消除火灾隐患的，由县级以上地方人民政府草原防火主管部门代为采取防火措施、消除火灾隐患，所需费用由违法单位或者个人承担。

02 　管理常识 🔔

森林草原防火行政首长负责制

　　我国森林草原防火实行地方各级人民政府行政首长负责制，即省长、市长、县长、乡长"四长"负责制，一级抓一级，各级政府对辖区内的森林草原防火工作实行统一领导、统一组织、统一指挥。森林草原防火行政首长负责制涵盖了森林草原火灾预防和扑救的全过程，预防要落实，扑救要到位。森林草原防火行政首长负责制是我国长期以来在与森林草原火灾斗争中总结出的宝贵经验。

森林草原防火联防机制

根据《森林防火条例》《草原防火条例》规定，森林草原防火工作涉及两个以上行政区域的，有关地方人民政府应当建立联防机制，确定联防区域，建立联防制度，加强信息沟通和监督检查。

联防机制包括建立防火组织、商定牵头单位、确定联防区域、规定联防制度和措施、检查督促联防区域的森林草原防火工作，在火灾预防上，共享信息，互相监督，在火灾扑救上，互相支援。

县级以上人民政府保障森林草原防火经费相关规定

　　《森林防火条例》第八条明确规定，县级以上人民政府应当将森林防火基础设施建设纳入国民经济和社会发展规划，将森林防火经费纳入本级财政预算。《草原防火条例》第四条明确规定，县级以上人民政府应当加强草原防火工作的组织领导，将草原防火所需经费纳入本级财政预算，保障草原火灾预防和扑救工作的开展。

03 宣传常识 🔔

森林防火"十不要"

1. 不要携带火种进山;

2. 不要在林区吸烟、打火把照明;

3. 不要在山上野炊、烧烤食物;

4. 不要在林区内上香、烧纸、燃放烟花爆竹;

5. 不要炼山、烧荒、烧田埂草、堆烧等;

6. 不要让特殊人群和未成年人在林区内玩火;

7. 不要在野外烧火取暖;

8. 不要乘车时向外扔烟头;

9. 不要在林区内狩猎、放火驱兽;

10. 不要让老、幼、弱、病、残者参加扑火。

森林草原扑火指挥"十个严禁"

1. 严禁不懂打火的人指挥打火，未经专业培训、缺乏实战经验的指挥员不得直接指挥扑火行动。

2. 严禁地方部门领导或乡镇领导在现场指挥部成立后担任总指挥（不包括火情早期处理）。

3. 严禁行政指挥代替专业指挥。

4. 严禁多头指挥、各行其是、各自为战。

5. 严禁现场指挥部和指挥员未经火场勘察、态势研判和安全风险评估直接部署力量、展开扑火行动。

6. 严禁在火势迅猛的火头正前方和从山上向山下，以及梯形可燃物分布明显地域直接部署力量。

7. 严禁指挥队伍从植被垂直分布、易燃性强、郁闭度大的地段接近火场。

8. 严禁指挥队伍盲目进入陡坡、山脊线、草塘沟、单口山谷、山岩凸起地形、鞍部、山体滑坡和滚石较多地域等危险地形，以及易燃灌木丛、草甸、针叶幼树林、高山竹林等危险可燃物分布集中区域冒然直接扑火。

9. 严禁在未预设安全区域和安全撤离路线情况下组织队伍扑火。

10. 严禁组织队伍在草塘沟、悬崖陡坡下方、可能二次燃烧的火烧迹地、火场附近的密林等区域休整宿营。

森林草原火灾扑救安全"十个必须"

1. 必须牢固树立安全第一思想；

2. 必须建立健全安全工作规范；

3. 必须深入排查安全风险隐患；

4. 必须切实强化紧急避险训练；

5. 必须强化火场专业指挥；

6. 必须高度重视飞行安全；

7. 必须加快改善安全防护装具；

8. 必须抓实火场安全防范；

9. 必须深入研究安全扑救特点规律；

10. 必须严格落实安全责任。

中国林草防火

森林草原火灾扑救"三先四不打"

三先：

火情不明先侦查；

气象不利先等待；

地形不利先规避。

四不打：

未经训练的非专业人员不打火；

高温大风等不利气象条件不打火；

可视度差的夜间等不利时段不打火；

悬崖陡坡深沟窄谷等不利地形不打火。

遭遇森林草原火灾要避免的错误行为

1. 迎风扑打火星；

2. 躲在草塘及灌木丛中避险；

3. 浓烟熏呛和高温烤灼；

4. 在枯树较多区域灭火；

5. 对地形条件认识不清，对小火掉以轻心，没有建立避火安全区等。

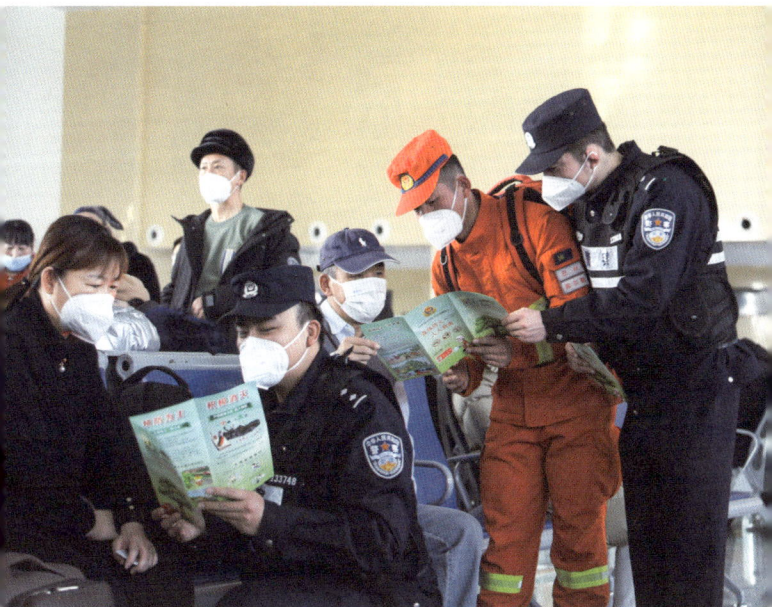

森林火警报警方法

出现森林火情时应保持镇定，立即用最快的方式向身边的人发出最有效的险情警报。如火势严重，应拨打电话 12119 森林火警电话，报告具体位置、交通路线、火势及蔓延情况，请求火速增援。

中小学校森林草原防火宣传

在中小学校开展"五个一"森林草原防火宣传活动是行之有效的好做法，即每一个学生要写一条森林草原防火标语，写一篇森林草原防火作文，给家长写一封森林草原防火宣传信，每个班上一堂森林草原防火课，每学期学校出一期森林草原防火墙报。

图书在版编目（CIP）数据

中国林草防火 / 国家林业和草原局森林草原防火司，国家林业和草原局宣传中心编. -- 北京：中国林业出版社，2024.5

ISBN 978-7-5219-2676-7

Ⅰ.①中… Ⅱ.①国… ②国… Ⅲ.①森林防火 ②草原-防火 Ⅳ.①S762.3 ②S812.6

中国国家版本馆CIP数据核字（2024）第076701号

执　　笔：荆鸿宇
策划编辑：何蕊
责任编辑：杨洋
封面设计：北京五色空间文化传播有限公司
图片提供：中国绿色时报社

出版发行　中国林业出版社
　　　　　（100009，北京市西城区刘海胡同7号，电话010-83143580）
电子邮箱：cfphzbs@163.com
网　　址：https://www.cfph.net
印　　刷：河北京诚乾印刷有限公司
版　　次：2024年5月第1版
印　　次：2024年5月第1次印刷
开　　本：787mm×1092mm　1/32
印　　张：3.75
字　　数：70千字
定　　价：35.00元